沖縄の自然

遊び学
あそびがく

林から海辺・干潟の生きもの
はやし　うみべ　ひがた　い

下謝名 松榮 著

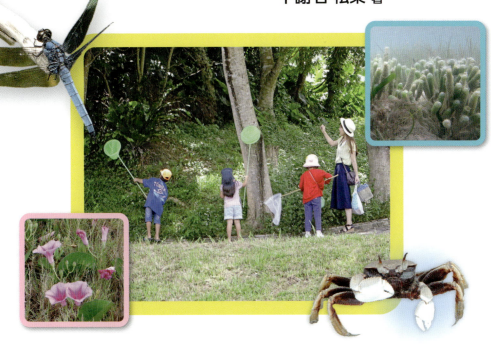

ボーダーインク

はじめに

　中城湾沿いの農村で生まれ育った筆者の幼少期の遊び場は林・野原・用水路や遠浅の干潟でした。放課後や休日には身近にいる生き物との遊びに興じる日が多く、その頃に遊んだ生き物たちから多くのことを学びました。いつしか大学は生物学科に進み、卒業したら理科の教師になっていました。今思うに自然の不思議さ、おもしろさや調べる楽しみを教えてくれたのは、幼少期に遊んだ多様な小さな生き物たちだったのかも知れません。

　この本はいわゆる図鑑ではありません。「遊び」と「学び」を一体にした幼・小・中学生向けの「遊び学」への入門兼ガイドブックです。子どもたちの「遊び学」への誘いと、教育現場の教師が地元の生物素材を用いて教材を作る際の参考資料として活用していただき、さらに現在残っている地域の自然環境の保護・保全への関心が少しでも高まればとの思いからこの本を書きました。

　今回の遊びの場は沖縄島の林から海辺と干潟（モデル：泡瀬干潟）です。海辺から干潟には、内陸ではあまり見ることがない多様な環境に、さまざまな生き物がすんでいます。

　この本の内容の一部は、筆者自身が幼少期に体験したかって気ままな遊びであり、理科教師としての授業実践録でもあります。

　この本を手にした読者の方々が自分流の独創的なアイディアで、より楽しく、ユニークな"ニュー遊び学"を作ってくれることを期待しています。

2018年3月 筆者

目次

はじめに・・・・・・・・・・・・ 2
身近な小動物検索図 ・・・・・・・ 6
この本の使い方 ・・・・・・・・・ 8

1　林や野原の生きものと遊び ・・ 9

- 1-1　甲虫ってどんな虫 ・・・・・・・ 10
- 1-2　タマムシのなかま ・・・・・・・ 11
- 1-3　人気のクワガタ ・・・・・・・・ 12
- 1-4　生きものの名前の由来 ・・・・・ 14
- 1-5　バッタのなかま ・・・・・・・・ 15
- 1-6　チョウのなかま ・・・・・・・・ 16
- 1-7　ツマベニチョウの一生 ・・・・・ 18
- 1-8　校庭でチョウの一生を観察しよう ・・・ 22
- 1-9　チョウの一日の動き ・・・・・・ 23
- 1-10　セミのなかま ・・・・・・・・・ 24
- 1-11　クマゼミの羽化 ・・・・・・・・ 26
- 1-12　セミとぬけがら ・・・・・・・・ 28
- 1-13　トンボのなかま ・・・・・・・・ 30
- 1-14　かくれんぼしている虫さがし ・・・・ 31
- 1-15　クモの生活と糸 ・・・・・・・・ 32
- 1-16　沖縄にも毒グモがいる ・・・・・ 35
- 1-17　落ち葉や石の下の小動物 ・・・・ 36
- 1-18　生きものの図を描こう ・・・・・ 38
- 1-19　昔ながらの虫遊び ・・・・・・・ 40
- 1-20　動物が交尾するのは何のためですか ・・・ 42

2　林と海辺の植物と遊び ・・・・・・ 43

- 2-1　海辺の植物 ・・・・・・・・・・ 44
- 2-2　砂地の草のなかま ・・・・・・・ 45
- 2-3　海辺の木のなかま ・・・・・・・ 46

2-4	植物の広がり方 ・・・・・・・・・・	47
2-5	身近な植物 ・・・・・・・・・・・・	48
2-6	植物をさわったり味見してみよう ・・・	50
2-7	実や葉で遊ぼう ・・・・・・・・・・	52
2-8	葉っぱアート ・・・・・・・・・・・	54
2-9	沖縄でもみじ探し ・・・・・・・・・	55
2-10	貝がらと海藻のアート ・・・・・・・	56
2-11	ヤドカリの宿かえ ・・・・・・・・・	58
2-12	化石が教えてくれること ・・・・・・	59
2-13	レプリカを作ろう ・・・・・・・・・	60
コラム	校内にミニ自然史博物館をつくろう ・・	62

3　干潟の生きものと遊び ・・・・・ 63

3-1	干潟を知ろう ・・・・・・・・・・・	64
3-2	干潟の環境 ・・・・・・・・・・・・	66
3-3	トカゲハゼの生態 ・・・・・・・・・	68
3-4	干潟の砂地の小動物 ・・・・・・・・	70
3-5	干潟の小石の多い砂地 ・・・・・・・	71
3-6	干潟の貝のなかま ・・・・・・・・・	74
3-7	干潟のナマコとヒトデ ・・・・・・・	76
3-8	砂もぐり名人のソデカラッパ ・・・・	77
3-9	干潟の背骨のない動物 ・・・・・・・	78
3-10	干潟の海藻と海草 ・・・・・・・・・	80
3-11	干潟の植物 ・・・・・・・・・・・・	82
3-12	干潟の藻場の生きもの ・・・・・・・	84
3-13	海藻標本を作ろう ・・・・・・・・・	86
3-14	アワセイソタナグモの一生 ・・・・・	88
3-15	アワセイソタナグモの生活 ・・・・・	92
3-16	アワセイソタナグモの数と季節 ・・・	92
	あとがき ・・・・・・・・・・・・・	94
	主な参考文献 ・・・・・・・・・・・	95

身近な小動物検索図

見つけた小動物の種類を右の表を使って調べよう！

なかま見分けポイント

4 複眼や口の形
3 羽(翅)の形、足の形
2 あし(足・脚)の数は何本？
1 からだに節があるかないか？

タマムシ
- ひげは短い

カミキリムシ
- ひげは長い
- からだは長形

テントウムシ
- 前羽はみずたまもようがあるものがおおい

ハナムグリ
- 前羽は金色にひかる
- 飛ぶのがはやい

- 前羽かたく後ろ羽と腹部をおおいまもっている
- 4枚の羽がある
- あし6本
- 8本
- 14本
- 16本以上

- からだに節がある
- 節がない
- 肉質の足
- あしはない

カタツムリ
- からをもつ
- 雨がふるとよく動く

ミミズ
- つちの中にいる
- ひふはしめっている

ヤスデ
- 一つの節に4本のあしがある

ムカデ
- 一つの節に2本のあしがある

※カタツムリや海の巻貝をまとめて腹足類といいます。

クワガタムシ
- きばのような大きなあごがあり内側に歯がある
- かむ力が強い

トンボ
- 目（ふくがん）は特に大きい

- 羽は4枚
- 同じ形で長い

チョウ
- ぜんまい型の細長いストローのような口がある
- 花のみつを吸う

- 前羽は大きい
- 粉がついている

カマキリ
- 前あしは太く、草をかるかまの形
- かむ力が強い

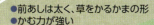
バッタ
- 後ろあしが強くて長くよくとぶ

- 前羽はおりかさなって後ろ羽と腹部全体をおおう

コオロギ
- 後ろあし長くよくはねる

- 羽をたたむとやね型

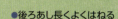
セミ
- 口は針の形でかたくストローのように中は空いている

- 胸と腹は細くくびれる

ハチ
- 後羽が退化しているものもある
- 毒針をもつハチもいる

アリ
- オスは羽をもつものもある
- 社会生活をする

- 糸が生活の中心
- あみをはるのはクモの仲間の約半分

クモ

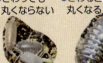
ワラジムシ
- さわっても丸くならない

ダンゴムシ
- さわると丸くなる

この本の使い方

　この本は園児から児童・生徒および教育現場に関わりのある方を対象にしたもので、写真で知る「生き物との遊び学」への入門兼ガイドブックです。
　子どもたちが生き物と遊び、観察しているうちに、いつしか「科学する目」が芽生え、自然の不思議さやおもしろさに気づき、生き物の形や動きを知ろうとする好奇心が湧いてきます。生き物の観察・実験の一連の流れ（過程）の中で、"科学的な思考力と態度"が身についてきます。この本での「遊び学」とは、生き物と楽しく遊ぶうちに「科学すること」にめざめ、いつしか「科学的」な観察・実験の域にくるまでの試行錯誤を含めた諸々の活動のことです。
　多様な生き物との遊びを通して、自然のあるがままの生き物の形や動きを観て、気づき、感じたことをヒントにして、小中学校での「調べてみよう」「私のけんきゅう」や「自由研究」など、楽しみながら自分なりの遊び学をはじめるきかっけになればと思っています。
　この本で用いた写真と図表はすべて筆者が撮影、調査した資料に基づいて作成したものです。また同定（生物の種名を決めること）はすべて筆者が行いました。同定ミスは筆者にあることを明記しておきます。

あったらべんりな観察用具

①家庭用の計量器(0.1gまで計れます)　④小さな鏡(穴の中の小さな動物観察用)
②家庭用タイマー　　　　　　　　　　⑤吸虫管(小さい虫とり用)
③虫めがね　　　　　　　　　　　　　⑥カメラ
　　その他（ドライバー、ピンセット、コンパス、カッター、巻尺、定規、ケースなど）

1
林や野原の生きものと遊び

　林から海辺の多様な環境にはいろいろな小動物や草木がみられます。
　自然の中を探索しながら、それぞれの生きものの形、色や生活のしかたなどを観察し、その中から自分が興味ある生きものを見つけ、楽しく遊ぶことからはじめましょう。
　6～7ページの「身近な小動物検索図」を参考に、見つけた生きものが何のなかまかを調べ、さらに図鑑でそれらの名前（和名・日本名のこと）を調べてみましょう。

1-1 甲虫ってどんな虫

1 林や野原の生きものと遊び

右の写真はオオシマゴマダラカミキリが飛びたった直後の姿です。甲のように固い前羽が2つにわかれて、その下に柔らかい後ろ羽があるのがわかります。このように固い前羽をもつ虫を甲虫とよびます。

ほかにもテントウムシ、タマムシ、クワガタ、カナブンやカミキリムシなども甲虫のなかまです。

オオシマゴマダラカミキリ

●かわいいテントウムシ

子どもたちに人気があるテントウムシも甲虫のなかまで、固い前羽の上に水玉もようのある愛らしい虫です。

テントウムシは「天道虫」とも書きます。この虫は葉や小枝の先にのぼると飛んでいくくせ（習性）をもっています。

テントウムシの飛ぶようすを観察し、前羽と後羽のどちらがよく動くか観察してみましょう。

飛びたとうとしているナナホシテントウ

テントウムシは何を食べている？

波型のもようがあるダンダラテントウ。右上の小さな虫はアブラムシのなかまでテントウムシのエサでもあります。

ニジュウヤホシテントウ

1-2 タマムシのなかま

　アオムネスジタマムシは海辺の林でもよくみる甲虫です。下の写真②から⑤は飛びたつようすを写したものです。前羽と後羽をみるとタマムシも甲虫のなかまであることがわかります。
　飛んでいるときの羽の動きに注意してみよう。

①

②

③

アオムネスジタマムシの飛び方

④

⑤

ウバタマムシ

飛び立つウバタマムシ

オオシマルリタマムシ

1-3 人気のクワガタ

●オキナワヒラタクワガタ

　公園で虫とり網や虫かごをもった子どもたちの目当ての虫は、ほとんどがクワガタムシ。甲虫の中でも牙のような大アゴが人気の的です。

　オキナワヒラタクワガタのオスの成虫には大アゴの内側に2個(1対)の歯があります。普通オスどうしの戦い(バトル)はエサ場とメスの取り合いが原因でおこります。

1　林や野原の生きものと遊び

オキナワヒラタクワガタのバトル

太くて長い牙でぶつかりあいながら、一進一退の後、一方が相手の胸部をがっちりはさみこみ、数秒後にはプロレスのバックドロップのように一気に持ち上げ、投げ捨てて勝負あり。

知ってる？　オスとメスの違い

オキナワヒラクワガタのメス。オスにくらべて大アゴは小さく弱々しい。

交尾を試みているオス。上から見ると小さなメスはオスにかくれて見えにくくなっています。

●オキナワノコギリクワガタ

　オキナワノコギリクワガタは赤みがかったからだで、オスの成虫の大アゴの内側には6個(3対)の歯があります。オスとメスはからだの大きさ、あごの形や歯の数などがちがいます。飛びかたや羽の動きも見てみよう。

オキナワノコギリクワガタのオス

大きく羽を広げたオス

飛んでいる姿

オキナワノコギリクワガタのメス

1-4 生きものの名前の由来

生きものの名前（和名）にはヤンバルテナガコガネ、シロオビアゲハのように、それら特有の形、大きさ、色、もよう（斑紋）、なき声、行動、生息場所や分布域などにちなんでつけられたものが多くあります。下の三種の甲虫の特徴と名前（和名）の由来を調べてみよう。

オオシマゴマダラカミキリ
ミカン類の害虫ですが、男の子に人気があります。

リュウキュウツヤハナムグリ
前羽が金色で「カナブン」としてよく知られています。飛んでいる最中のカナブンの固い前羽と軟らかい後ろ羽の動きのちがいを注意してみよう。

交尾しているオキナワクワゾウムシ

オキナワハンミョウ
前羽の色が特にきれいなオキナワハンミョウ。「道しるべ」の別の名で知られる甲虫です。小さくかわいい甲虫ですが、するどい歯をもち、小さな虫を食べます。

1-5 バッタのなかま

●草地でバッタを探そう

からだの色に似た草地にすむことで、自分を食べる鳥（天敵）から身を守ることができます。公園の草地でバッタやイナゴを探してみよう。

セイバンモロコシの葉にとまったショウリョウバッタ

グンバイヒルガオの葉の色に似たオンブバッタ

イナゴのなかまではもっとも大きいタイワンツチイナゴ。後ろあしが太く長く、とぶ力が強いです。サトウキビの大害虫です。

知ってる？ 飛べないバッタがいます。

林や森の中のクワズイモやゲットウの多い場所にすんでいるオキナワモリバッタのなかまは羽がなくなり、飛ぶ力がありません。それぞれの島にイシガキモリバッタ、イリオモテモリバッタ、ヨナクニモリバッタがいます。

1-6 チョウのなかま

●チョウのお化粧(けしょう)

チョウはよくみかける昆虫(こんちゅう)です。

チョウの羽(はね)には目玉(めだま)のようなもようから点(てん)や線(せん)のもようがあります。また羽(はね)の表面(ひょうめん)には粉(こな)(りん粉(ぷん))がついていて、チョウの種類(しゅるい)によってそれぞれ色(いろ)や感触(かんしょく)(手(て)ざわり)がちがいます。

モンシロチョウ

リュウキュウアサギマダラはゆっくりと飛びます。

イシガケチョウ

ルリタテハ
頭部を下にして休むことが多いです。

アメリカハマグルマで蜜を吸うカバマダラ。

ナミアゲハ

てんぐの鼻に似た上顎のあるテングチョウ

知ってる？

チョウの見分け方 色やもようがオスとメスで違ったり、同じ個体（チョウ）でも羽の表と裏では色やもようが違ったりするよ。

〈 ツマグロヒョウモンのオスとメス 〉

ツマグロヒョウモンのメス

ツマグロヒョウモンのオス

〈 タテハモドキの表と裏 〉

あざやかなオレンジに大きな目玉もようがある表。
枯れ葉のように見える裏。

1-7 ツマベニチョウの一生

ツマベニチョウは前羽(前翅)のツマ(端)が紅色をした中形のチョウです。ここではツマベニチョウの卵からチョウ(成虫)になるまでの育つようすを写真で紹介します。それぞれの成長の変化を記してある月日と時刻を参考にしながら見てください。

ツマベニチョウの卵からチョウになるまで

卵

①食草のギョボクの葉の裏に産卵。卵は1個、1個離してうみます。(6月1日)
②産卵直後の卵
③産卵3日後の卵。

孵化(卵からかえる)

6月6日
④卵からかえった幼虫(体長2.2mm)〔12時10分〕。卵の殻を食べはじめ、〔12時34分〕すべて食べつくしました〔午後3時58分〕。
その後の幼虫は葉の軟らかいへりの方から食べはじめました。

幼虫(孵化後18日)

⑥⑦孵化後18日目の幼虫で食草のギョボクの葉を盛んに食べ、体長67mm、重さ3.1g、ふんの数も27個(0.7g)に増えていました。

チョウは卵からチョウ（成虫または成体といいます）になり、オスは交尾し、メスは卵（受精卵）をうみ、それぞれの役目を終えた後、やがて死んでいきます。このような虫の一生を「生活史」、または「自然史」といいます。

＊ツマベニチョウのこの個体（このチョウのこと）は卵をうんでから約１ヶ月で羽化し、チョウ（成体または成虫）になりました。

前蛹（サナギになる前の幼虫）

⑧幼虫が急に葉を食べるのをやめ、葉の中央部に口から糸を出して身を固定しました。サナギになる前の準備です（体長48mm、体重2g）。

幼虫の体形がスマートになりました。

⑨⑩約二日後にはイモムシの形に変わり、口から糸を吐いてからだを葉に固定しました。この糸は羽化した後もチョウが飛び立つまでの命綱の役目をします。この姿勢で前後に数回激しくゆすって写真⑩の姿勢になりました。

⑩前蛹の終期で、特に胸部と腹部のくびれが目立ち、また将来脚になる胸肢と幼虫の歩行用の腹肢もまだ残った状態です。

蛹化（サナギになること）

⑪６月22日午後９時36分23秒、突然幼虫（写真⑩）がわずか0.5秒間に写真⑪のサナギに変身しました。幼虫の時期の胸肢も腹肢も一瞬のうちにサナギの体内に取り込まれました。みごとな変身ぶりです。

＊サナギの色は葉の色と同じで、天敵から身を守るためです。

ツマベニチョウの一生 (2)

サナギを自宅のミカンの木にうつして、観察を続けました。

1 林や野原の生きものと遊び

羽化（サナギから成虫）

⑫

⑬

⑭

⑫ 羽化がはじまりました。
（7月1日　午前7時34分）

＊羽の色からオスかメスか分かるよ。

⑬ 頭から出てきて、からだごと垂れるようにからからぬけました。

⑭ 体全体がからから脱けると同時にからだを反転させて前脚でサナギのからにしがみつきわずか2分で羽化を終えました。

⑮ 羽化した2分後にはサナギの時期に腹部にたまったいらないもの（老廃物）をおしっことして出しました。

羽化直後

⑮

⑯

⑰

⑯ 羽化直後は羽もしわくちゃでしたが（⑮）、羽の方に体液が流れていくにつれて羽の方もぴんと伸びてきました。

（午前7時45分）

⑰ 飛び立つ準備をしています。7月1日12時56分、ミカンの木から飛びさっていきました。

●色でわかるオスとメス

羽化日の3～4日前からサナギの中の羽の色が色づきはじめ、羽化2日前から羽の色でメスとオスの区別ができます。下の写真は羽化をはじめたツマベニチョウで、左がメスで右がオスです。オスの方がサナギ内の羽の色が赤みがかったオレンジ色であざやかです。また、羽の地色がオスはクリーム色、メスはうすい灰色をしています。

羽化をはじめたツマベニチョウ（メス）　　羽化をはじめたツマベニチョウ（オス）

●完全変態と不完全変態

■ ハラビロカマキリ

チョウのなかまの幼虫がチョウ（成体）にかわる間のある段階（ステージ）にサナギの時期がみられる成長変化を完全変態といいます。完全変態をする昆虫のなかまはサナギの時期に大変身をします。

一方、ハラビロカマキリのように成長の過程でサナギの時期がなく、幼虫が成長するにつれて羽がはえたり、からだや羽の色が変化して成体になります。このような昆虫の成長変化のことを不完全変態といいます。カマキリをみると成虫と幼虫の形がよく似ているので、幼虫をみると親（成虫）の種類がわかります。バッタも不完全変態をする昆虫です。

観察してみよう

1-8 校庭でチョウの一生を観察しよう

チョウの種類によっては産卵する植物はだいたい決まっています。オオゴマダラはホウライカガミ、ツマベニチョウはギョボク、シロオビアゲハはミカン類、カバマダラはトウワタ、リュウキュウアサギマダラはツルモウリンカなどの葉や枝に卵をうみます。卵からかえった幼虫が食べものに困らないよう、親は草木を選んで卵をうんでいます。これらの草木をそれぞれのチョウの食草といいます。これらの食草を校庭に植えると、それぞれのチョウの一生を観察することができます。

オオゴマダラ

ナガサキアゲハの終齢幼虫

オオゴマダラの卵と幼虫

ナガサキアゲハのサナギ

オオゴマダラの終齢幼虫

羽化直後のナガサキアゲハのオス

オオゴマダラの羽化殻

1-9 チョウの一日の動き

校庭の教材園やビオトープや近くの林や公園でチョウの一日の動き（日周活動）を調べてみました。一定の場所でそれぞれの種類のチョウの数を時間ごとにまとめたグラフです。グラフからチョウの活動のパターンをよみとってみよう。

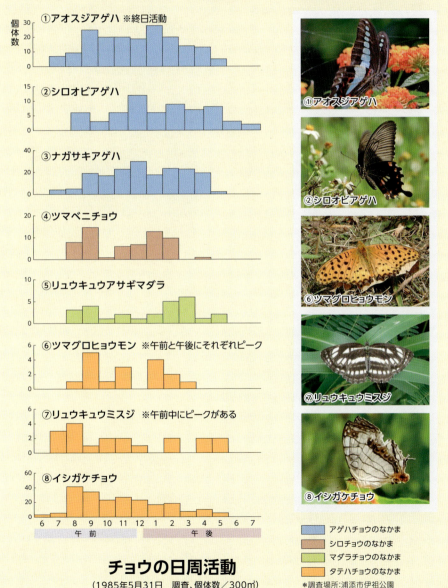

チョウの日周活動
（1985年5月31日　調査、個体数／300㎡）

＊調査場所：浦添市伊祖公園

■ アゲハチョウのなかま
■ シロチョウのなかま
■ マダラチョウのなかま
■ タテハチョウのなかま

1-10 セミのなかま

●セミを調べる

　夏休みの自由研究でも人気のあるセミ。身近でみられるリュウキュウアブラゼミとクマゼミについて調べてみよう。からだの形、色、もようや鳴き方を調べてみよう。またそれぞれの頭の先から腹部の端までの体長と頭の先から前羽の先までの全長や重さもはかってみよう。

リュウキュウアブラゼミ
ナービカチカチーの方言名で親しまれてきたセミで、体長34mm、全長62mm。重さ2.3〜2.5g。

ニイニイゼミ
デイゴの木の肌の色とセミの色が似ていて見つけにくいです。体長20mm、全長30mmぐらいです。重さは一円玉(1g)ぐらいで軽いです。

クマゼミ
体長は45mmほどで、全長は65mm。重さは3〜4gでリュウキュウアブラゼミより大きいです。

セミの体は頭・胸・腹に分けられます。羽(翅)と脚(あし)、木の汁を吸う細い口(針のように細くて強い吸汁管)があります。

●セミはどのように鳴いているのか？

鳴くセミはオスだけで、メスは鳴きません。クマゼミのオスがどのようなしくみで甲高く鳴くのか調べてみよう。クマゼミは腹部を上下に動かし、シャンシャンシャンと鳴きます。

クマゼミのオスの発音膜

発音膜（ビニール膜にみえるもの）

生きているオスの腹部を上にして持ち、ひっぱって胸と腹部を引きはなすと、腹弁の下にある発音膜が見える。その上にスポイトか草の葉先で水滴を1、2滴落とし、セミが鳴くときの水滴のうごきを注意深く観察してみよう。セミの鳴くしくみがわかります。

●セミの幼虫

セミの幼虫はからを脱ぎ捨て（羽化）成虫（セミ）になります。地上で過ごすのはわずか10日間ほどの短い期間です。

デイゴの樹上で羽化したクマゼミ
（2016年6月25日午前5時8分）

 セミのぬけ殻のナゾ

セミ捕りしながらみつけたぬけがらを指に付けてみよう。セミがツルツルした木や葉の表面にも飛んできた簡単に止まることができるわけがわかるかもしれない。

1-11 クマゼミの羽化

●クマゼミの羽化の観察

セミの幼虫は地中で2～5年過ごし、地中から出てきて身を包んで保護していた固いからを脱ぎすて(羽化)地上の生活へとスタートします。私たちの身近にいるクマゼミの羽化を観察してみよう。

①
6月30日19時30分

②

①地中で2～5年すごしたクマゼミの幼虫が地上に出てきました(2017年6月30日)。

②幼虫(仔虫)は1mを3～5秒のはやさで動き回りながら羽化に適した草木を探していました。シークヮーサー(ヒラミレモン)の木に登りはじめた幼虫。

③
20時38分

④
20時40分

③羽化する場所が決まると、そこで止まります。3～4回葉を激しく振る動きがみられれます。羽化場所として適しているかをチェックしているようです。背のところが青白く羽化が近づいていることが分かります。

④大きくふくらんだ胸部が裂けはじめました。

⑤
20時57分

⑥
21時22分

⑤裂け目は上下にひろがり、からだの大部分がからから出てきます。

⑥～⑧腹が残った頃にからだの重さで下にずれ落ち、からからうまくぬけました。

⑦
21時23分

⑧

⑦からだが落ちる前に起きなおして前あしでぬけがらをつかみ、からだを固定しました。羽に体液が入るにつれて羽も伸びていき、体色も濃くなっていきます。

＊⑧は⑦を背面からみたものです。

⑨
21時53分

⑨ぬけがらをしっかりつかみ、からだは静止した状態で羽だけは伸張を続け、前羽の先がおしりをこすまでになっています。羽全体がほぼ伸びました。腹弁はまだ出っ張った状態です。

⑩羽が伸びきりお腹をおおうようになっています。

＊胸部がさけ始めた時間④から羽が伸びきる⑩までの時間を羽化時間といいます。このクマゼミの羽化時間は1時間48分でした。

⑪〜⑫羽化が終わって約8時間後の7月1日午前5時8分の写真です。羽の形と色は成体とほとんど同じで、飛び立つ準備をしています。

⑫午前5時20分頃には羽もしっかり伸びています。セミに触れたら飛んでいきました。

⑩
22時28分

⑪

⑫

⑬
7月1日午前5時8分

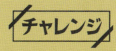
チャレンジ

リュウキュウアブラゼミの羽化を調べ、クマゼミの羽化との相違点をまとめてみよう。

1-12 セミとぬけがら

セミは脚に節があり、カニやクモと同じく節足動物のなかまで、からを脱ぎすて(羽化・脱皮)し、成体になります。ぬけがらには成体の形のあとが残っています。からの形をくわしく調べると、セミについて多くのこと(情報)を知ることができます。

●ぬけがらでセミの種類をみわけよう

リュウキュウアブラゼミとクマゼミの、それぞれのからだの形や大きさの違いを比べてみよう(左)。からだはクマゼミの方が大きいけれど、木の汁を吸う細い口(吸汁管)はリュウキュウアブラゼミの方が長いのがわかります。
ぬけがらを虫めがねで調べて、それぞれのセミの形の違いを調べてみよう

成体

リュウキュウ
アブラゼミ　　クマゼミ

ぬけがら

リュウキュウ
アブラゼミ

クマゼミ

●オスとメスをみわけよう

リュウキュウアブラゼミのメスとオスの生殖器(交尾するためのもの)の形の違いを調べてみよう(左)。右側がメスで生殖器(産卵管)は長くて固い針のようになっているのがわかります。羽化がらの形をルーペでくわしく調べてみよう(右)。

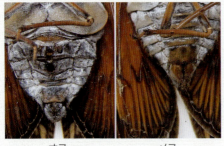

オス　　メス

オス　　メス

●ぬけがらを集めよう

どんな場所にどのセミのぬけがらがあるかな？

モクマオウのみきや小枝の上で羽化したセミ。

枯れ木で羽化したクマゼミ（上）とリュウキュウアブラゼミ（下）のぬけがら。

公園の遊歩道（長さ100m）で6月に羽化がらを調べてみました。左側はリュウキュウアブラゼミで79匹、右はクマゼミで22匹でした。（上メス・下オス）

> 📖 ちょっと一言　　生きているセミを捕ってその数（個体数）やオスとメスの数の比率（性比）を調べる事はむつかしいだけでなく、保全の面からも望ましいことではないです。羽化殻は子どもでも確実に取ることができ、多くの情報をよみとることができます。

1-13 トンボのなかま

●トンボの羽とからだ

　トンボの頭には目しかないのかと思うほど大きな目（複眼）があります。また、トンボの羽は前も後ろも、ほぼ同じ長さで風にのり、飛びやすい形の羽とからだのつくりをしています。

ショウジョウトンボ
沖縄ではアカトンボと呼ばれています。

シオカラトンボ
公園や林の池や川の周辺でよくみるトンボ。

オキナワツノトンボ（メス）
トンボの名がついていますが、トンボとは別のカゲロウのなかまです。ひげ（触角）の先が丸い形の愛らしい昆虫です。

ウスバキトンボ
台風がくる前や後でよく見るトンボで、風にのって遠い南方の地域から沖縄までやってきます。

チャレンジ

緑地公園の池や川でよくみるシオカラトンボやイトトンボのなかまの交尾行動を観察してチョウやクモなどの交尾のしかたなどとくらべてみよう。

観察してみよう

1-14 かくれんぼしている虫さがし

からだの小さな虫、幼虫やサナギなどは敵から身を守るためにからだの形や色を周囲のものに似せたり、いろいろ工夫して生きています。草むらや木の枝にかくれている虫をさがしてみよう。

ナナフシのなかま（オキナワナナフシ）

クロイワツクツク

ショウリョウバッタ

オニグモ
林や人家ののき下に大きな円網をはる

ナガサキアゲハのサナギ

1-15 クモの生活と糸

　クモのからだは頭と胸がいっしょ（頭胸部）になっているのが特徴で、8個の単眼と8本の脚をもつことでチョウやクワガタムシなどの昆虫と区別できます。しかし何といってもクモの大きな特徴は糸を紡ぎ出すことができることです。網を張らないハエトリグモを含むすべてのクモの生活は糸と深くかかわっています。

(1) 地中生活をするクモ

1 林や野原の生きものと遊び

キムラグモのなかま

キムラグモのメスの成体。腹部の上に節のなごりがある原始的なクモです。

地中の住居（巣）で産卵するとき糸でつくったツボ形のふくろに卵をうみます。地中の住居入口は糸でかがりつけられています。

オオクロケブカジョウゴグモ

糸でつくった卵のう（卵の数200個）を触肢とあしでかかえているオオクロケブカジョウゴグモのメス。

左のクモの巣は地中や朽木の中につくり、エサがかかるシグナル（連絡するのは糸です）で地中から出てきます。

ヤンバルヤチグモ

林内にすむヤンバルヤチグモの交尾。
＊何のために交尾するのかな？

ヤンバルヤチグモは卵のう（白い球状）を産卵室内につるす。卵のうも産室も糸でつくります。

＊クモのなかまは地中で生活するものから地表で生活するクモへ、さらに空中に網をはって生活するクモへと進化し、やがて網をはらずに自らエサを求めて徘徊するクモへと進化してきたと考えられています。

(2) 網をはるクモ（造網性のクモ）

チュウガタシロカネグモ
まるい形の弱々しい網を張ります。草原や林で普通にいます。網をはる場所、網の傾きと天気の関係を調べてみよう。腹部背面に太い銀色のたてすじがあります。

オオジョロウグモ
日本で一番大きいクモで、1m～1.5mの馬のひづめに似た大きな網を張ります。写真は、アオドウガネを糸でくるくる巻きにしているメスです。メスの頭胸部の上の小さな赤～オレンジ色のクモはオスの成体です。

ナガマルコガネグモ
網の中に英語のX字形のかくれ帯（白帯といいます）をつけることから沖縄ではエイゴクーバと呼ばれています。左上の小さいクモはオスです。

知ってる？ どこに網があるの？

マネキグモが止まっている一本の糸が網です（すじ網）。ねばりの強い粒（粘球）がすじ網にあり、かかった生き物は簡単に逃げることができません。

(3) 歩き回るクモ

　エサ探し、巣づくりや結婚の相手探しのため歩き回るクモがいます。これらの網をはらないクモを徘徊性のクモといいます。自然界では網をはるクモより、徘徊性のクモの種類が多いのです。しかし、これらのクモも住居（巣）、卵のう作りや逃げる時には糸を使います。

シマササグモ
草地や葉の上を歩き回りながらエサを探します。体長12mmぐらいのスマートでかわいらしいクモです。天敵にあうとジャンプして逃げます。

チャスジハエトリのオス
家の中でもよく見かけます。ハエトリグモは、ジャンプしてハエをとったりすることからジャンピングスパイダーとも呼ばれています。天敵から逃げるときには映画のスパイダーマンのように糸を出し、身を守ります。

コアシダカグモ
円ばんの形をした卵のうを大事にかかえて歩きまわります。
コアシダカグモは野外に多く、このクモに似たアシダカグモは家の中にいて、ゴキブリをとって食べます。

コアシダカグモの子グモ。卵のうから出てきています。一人立ちの旅に出る（分散）前は群れています。クモは孵化した直後から糸なしでは生活できません。

1-16 沖縄にも毒グモがいる

　沖縄県内にいる毒グモは今のところ（2018年）ゴケグモのなかまのハイイロゴケグモとアカオビゴケグモです。これらのゴケグモを簡単にみわけるポイントを知っておきましょう。クモをみつけたら素手では絶対にさわらないようにしましょう。

1. メスもオスも腹にかっ色やだいだい色から赤い色の砂時計の形のもようがあります（写真下の左右）。
2. メスのすんでいる網の近く（10～20cm内）に5～10mmほどの球状の突起のついた卵のうが網が巣の近くで見つかります。
3. 日当たりのよい排水溝のフタやU字溝との間、捨てられた車のタイヤの中、石の下、工事用のコーンの中、公園やビーチのベンチや自動販売機の下などによく網（巣）をはります。セアカゴケグモとハイイロゴケグモは特定外来生物に指定されています。

背中の赤色のもようからセアカゴケグモの名前がついています。1995年に日本で発見され、今では九州以北では広く分布しています。2017年現在沖縄には分布していません。

アカオビゴケグモのメス。産卵後、ドラゴンボールのような卵のうを作る。石垣島、西表島、波照間島に分布。

沖縄県内に広く分布しているハイイロゴケグモのメス（黒色系）。腹面の赤色からだいだい色の砂時計のもようがゴケグモを見分ける目印です。右は同じハイイロゴケグモの小さなオス。ハイイロゴケグモは帰化動物です。

1-17 落ち葉や石の下の小動物

●林のそうじ屋

　林のなかの落ち葉、枯れ木や石の下には、さまざまな小動物がすんでいます。林の下に落ち葉が高く積もらないのはミミズ・ダンゴムシやワラジムシのなかまが落ち葉を食べているからです。これらの小動物は林のそうじ屋と呼ばれています。

オカダンゴムシのなかま
ダンゴムシとワラジムシのなかまは14本のあしがあります。

ミミズのなかま

ワラジムシのなかま（さわっても丸くならない）

ハサミムシのなかま

甲虫のなかまの幼虫

●足の多い生き物

　ムカデやヤスデのなかまは16本以上の足があり、多足類と呼ばれています。

ムカデのなかま（1つの節に2本のあしがある）

ヤスデのなかま（1つの節に4本のあしがある）

●トカゲ、ヘビ、カエルのなかま

茶色の愛らしいヘリグロヒメトカゲ

メクラヘビのなかま（目やうろこがあります）

ヒメアマガエル
（日本でもっとも小さいカエル）

リュウキュウカジカガエル
（住宅地などでも見られます）

カタツムリのからは右巻き？左巻き？

カタツムリのからの上から見て右巻きか左巻きかをみます。シュリマイマイの巻きはどっちでしょうか？

シュリマイマイ

からの口にふたがある
オキナワヤマタニシ

オキナワウスカワマイマイ

オキナワヤマタニシを食べている
オキナワマドボタルの幼虫。

1-18 生きものの図を描こう

調べたことをまとめるとき、写真だけでなく内容によっては図をつけた方がわかりやすいことがあります。

一番大事なことは線画をしっかり描く練習をすることです。段階に応じて細かな点描をしていきます。細かい部分は学校にある双眼実体顕微鏡をつかって描く練習をするとよいです。

1、フィールドノート(野帳)にスケッチする。調査のとき、生きもののすんでいた場所、活動のようすなどといっしょに簡単でいいので全体のスケッチしておくと、あとで役に立ちます(図1)。

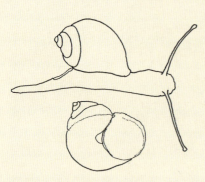

図1　アオミオカタニシ
緑地公園内の樹上でよくみかけます。

アオミオカタニシのメモ例

2015年2月6日
沖縄市比屋根運動公園
ヒラミレモンの葉の上をはっていた
うすいみどり色をしたかわいいかたつむり
細くて長い触覚の先に目がある。

2、線でアウトライン(りんかく)を描く。からだの節、あし、尾、めだつ棘などを描く(図2)。

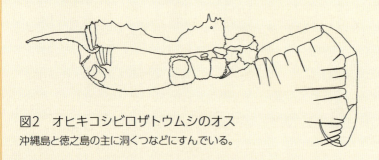

図2　オヒキコシビロザトウムシのオス
沖縄島と徳之島の主に洞くつなどにすんでいる。

3、線と点で描く。

　自由研究が進むにつれて、線と点を使ってよりくわしい図を描く練習もしよう。特に目の数や種類（単眼・複眼）に注意しながら観察し、スケッチしよう（図3）。

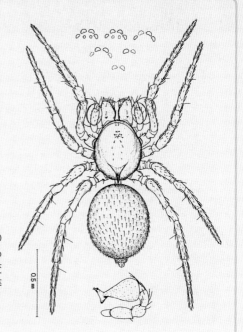

図3　シモジャナグモのオス
沖縄島の洞くつに多いシモジャナグモのオスのスケッチ。クモの上に描かれているのはクモの6個の目がなくなっていく変化のようすを示しています。（中学校・高等学校教材）右下は触肢。

4、点描を中心に立体的に描く（図4・5）。

図4　マダラトカゲモドキ
沖縄島、渡嘉敷島、阿嘉島と伊江島に分布する。図4は伊江島産

図5
オオクロケブカジョウゴグモのオス
西表島と石垣島の森から海辺の近くの林にすむ。図5は石垣島産

1-19 昔ながらの虫遊び

1 林や野原の生きものと遊び

●チンナンオーラセー

　チンナンとはカタツムリの方言名で、オーラセーとはけんかまたは戦いのことをいいます（沖縄本島）。

　カタツムリのからのてっぺん（殻頂）を合わせ、押し合います。からのてっぺんが先に落ちたのが負けです。どんなカタツムリのからが強いか考えながら遊びましょう。

🔶 遊びのヒント

　おじいさんやおばあさんの子供の頃の遊びをきき出して、いっしょに昔の遊びをしてみよう。

●シャンシャナーとアケヅトゥエー

　沖縄の方言で「シャンシャナー」は「セミ」、「アケヅ」は「トンボ」、「トゥエー」は「捕る」のことです。

　竹の小枝や針金で輪をつくり、粘性の強いクモの網を巻きつけて昔ながらの虫とりネットをつくります（右上）。セミやトンボだけでなく、カマキリやカミキリムシなどもとることができます。目的の虫にあわせて採り方は自分で工夫しましょう。

　しかしチョウやガなどはこの虫とりネットではとりにくいです。それはなぜでしょう？

🟧 遊びのヒント

　虫とりネットに使うクモの糸は粘性の強いオオジョロウグモ、ジョロウグモ、オニグモやコガネグモ類の糸がよいです。またソテツの葉で作った虫カゴに採ったセミ、カマキリやバッタなどを入れて遊ぶのもよいでしょう。

草原やサトウキビ畑に多い大形のタイワンツチイナゴ

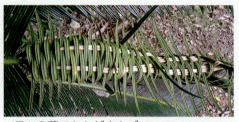
ソテツの葉であんだ虫カゴ

●アタクートゥエー

　ひょうきんな動きをするカメレオンみたいなキノボリトカゲは方言でアタクーと呼ばれています。海辺の林にも多いヤシのなかまのクロツグの葉を使って輪を作り、それを竹やほそい棒の先にしばり、キノボリトカゲの動きにあわせて輪(罠)をうまく使って捕ります(写真下)。この罠を使ってキノボリトカゲを捕る遊びの中でいつのまにかキノボリトカゲの行動がわかってきます。

オキナワキノボリトカゲ

🟧 遊びのレベルアップ

　キノボリトカゲの成長変化(体長)や行動を調べるときに足指の爪先を少し切って目印にするとトカゲ(個体)が区別(識別するといいます)できるようになり、楽しみながら調査ができます。

考えてみよう

1-20 動物が交尾するのは何のためですか

同じ種類の動物の親子は形や行動がよく似ています。これは親がもっているからだの大きさ、形、色や行動など（まとめて形質といいます）を子に伝えていくからです。この形質のことを遺伝情報（DNA）といい、これらの情報は精子と卵の中にびっしりつまっています。

交尾することにより精子はメスの体の中に移されます。精子と卵は合体（体内受精）して受精卵となり、これが発生・成長して子どもになります。交尾することによって子どもが殖え（生殖）、自分の子孫を地球上に残していきます。交尾とはいわば地球上から自分の子孫を絶滅させないためのメスとオスの一番大事な役目ということになります。

4〜5年の地中生活のあと、地上に出てきたセミの幼虫（仔虫ともいいます）は地上で羽化し、成虫（セミ）はわずか1〜3週間の命です。メスを求めて鳴きつづけるオスのセミの必死の動きから「子孫を残す」ことがいかに大変なことであるかがわかります。

オキナワウスカワマイマイの交尾
雨上がりに交尾しているオキナワウスカワマイマイ。カタツムリのなかまは1匹（個体）のからだに精子と卵をつくる場所があります。このような動物のことを雌雄同体といいます。しかし、交尾することにより相手の精子（DNA）をもらい受け（遺伝情報の交換）自然界でより強く生き抜く力のある子孫を残すことができます。

海辺から街中までいるオジロシジミの交尾

草地や林に多いムナビロカマキリの交尾

海（干潟）で生活するヤマトウシオグモの交尾

2
林と海辺の植物と遊び

　沖縄の林と海辺にはいろいろな植物がみられます。どんな場所にどのような植物が生えているか、遊びながらそれぞれの植物の特徴を調べてみよう。
　また、草や木、葉や実、砂浜でひろった貝がらや海藻でアートをつくって遊んでみよう。昔から子どもたちは自然にあるものをつかって遊びを生みだす天才です。

2-1 海辺の植物

●海辺のかんきょう

　海辺に生えている植物を観察しよう。砂浜をおおうように這っているグンバイヒルガオやハマナタマメ。砂浜から陸側にかけてはモンパノキ、クサトベラ、アダンやオオハマボウ(ユウナ)のしげみ(群落)、護岸の石のすき間などには、ススキやキダチハマグルマなどがみられ、そこはヤドカリのすみかにもなっています。

砂浜に広がるグンバイヒルガオ

グンバイヒルガオの花

クサトベラ、アダンとオオハマボウのしげみ

護岸の石のすき間のグンバイヒルガオ(手前)ススキやキダチハマグルマ(左上)とクサトベラ(右上)

2-2 砂地の草のなかま

砂地には内陸部では見かけないハマナタマメやハマボッスなどの、背の低い草のなかまが生えています。

ハマナタマメの群落(左)と花と実(果実)をつけたハマナタマメ(中)

可憐な花をつけたハマボッス

砂地をはっているミルスベリヒユ(左)とその花

潮干狩りのとき砂地でよくみるかわいいハマダイコンとその花。(砂を掘ってみると根はどうなっているかな?)

ヒガンバナの花によく似ているハマオモトの花

2-3 海辺の木のなかま

海辺の砂地で生えている木にはどんな種類があるでしょうか？

オオハマボウ（方言名：ユウナ）の花

クサトベラ

水分の少ない砂地をはうように生えているハマゴウ

クサトベラの花
変わった花のつくりをしている

モンパノキはガンチョウギー

知ってる？

水中ダイビング用の用具がないころ、沖縄の漁師の水中メガネ（ゴーグル）は、このモンパノキで作っていました。モンパノキの木のことを沖縄では「ガンチョウギー」（ガンチョウは方言でメガネのこと）と呼んでいます。

2 林と海辺の植物と遊び

2-4 植物の広がり方

　自分の子孫をどのようにふやし地球上に残していけるかは、それぞれの生物にとって大変重要なことです(「生命の連続性」といいます)。子孫を残せず、地球上から姿を消すことを「絶滅」といいます。絶滅を防ぐためにそれぞれの植物は実や種をどのような方法(手段)でひろげているのか調べてみよう。

うれたガジュマルの実

アダンの実

熟すると美味しいヤマグワの実

河口の砂泥地に生えるオヒルギの実生(胎生種子)。小さなカニはヒメシオマネキのオス

セイヨウタンポポの綿毛

シロノセンダングサの花と種。沖縄では「サシグサ」と呼ばれています。

2-5 身近な植物

2 林と海辺の植物と遊び

屋敷のまわりや林などにはいろいろな草木があります。遊びに使える草木を探そう。

クロツグ（方言名：マーニ）
ヤシのなかまで葉の中央の葉脈の先の部分で輪っかをつくって、キノボリトカゲをとることができます。

クワズイモ
赤くきれいな実をつける。手で触れるとかゆみやかぶれることがあるので注意しよう。方言名はヒーゴーターンム。

ギンネム
外国から沖縄に入って広がった帰化植物で、マメ科のなかまです。さやの中の豆の数を調べてみよう。遊んだ後は、マメ（種）はごみ袋に入れて処分しましょう。

野原や公園でみかけるこれらの草は、本にものっている身近な植物です。名前をおぼえているかな。

セイヨウタンポポ
綿毛がどこまで飛んでいくか、息を吹きかけ、試してみよう。

エノクログサのなかま
ネコのしっぽのような形の穂は遊びに使えます。

シマアザミ
葉のふちのとげに軽く触れてみよう。

オオバコ
ふまれても丈夫に育つオオバコのからだのつくりの秘密(特徴)を調べてみよう。

シロツメクサ
「四つ葉のクローバー」をさがしてみよう。何枚目にみつかったかな。

2-6 植物をさわったり味見してみよう

目かくしして幹や葉をさわってみよう。ゴツゴツ、サラサラ、スベスベなど木の種類によってちがいます。庭や校庭に生えている木でためしてみよう。

リュウキュウマツの木の肌は、どんな感じがするかな。

モクマオウのなかま

モンパノキ（方言名：ガンチョウギー）

クサトベラ

デイゴ（沖縄県の県花）

オオハマボウ（方言名：ユウナ）

2 林と海辺の植物と遊び

いろいろな植物の葉や実をさわったり、味見したり、においをかいでみよう。味を調べる場合は毒性がないかどうかを大人の人に教えてもらい、安全面に気をつけよう。

ヨモギ（方言名：フーチバー）
葉をすりつぶしてにおいをかぎ、葉を食べてみよう。

モンパノキの葉の表と裏をほほに軽くあて、どんな感じがするか調べてみよう。

ヒラミレモン（方言名：シークヮーサー）
指で葉をつぶしてにおいをかぎ、実は食べてみよう。

ヘクソカズラ
葉を指ですりつぶしてにおいをかいでみよう。名前の由来が分かるかも。

リュウキュウマツ
葉先を手のひらで触れてみよう。マツぼっくりを容器に入れて振ってみよう。どんな音がきこえるかな。

ムラサキカタバミ
花を2～3個食べてどんな味がするか試してみよう。

2-7 実や葉で遊ぼう

●木の実で玉入れ

虫とり網を折り曲げてバスケットにし、玉入れして遊んでみよう。玉は木の実や海辺でひろった貝がらをつかいます。どんな木の実が適しているかな。

虫とり網の柄を曲げて地面にさして固定します。

テリハボク、ゲットウの実と松ぼっくり

ソテツの実

テリハボク（方言名:ヤラブ）の花と実

ゲットウ（方言名:サンニン）の花と実

オオイタビの実

注意
ミフクラギ（オキナワキョウチクトウ）の樹液は毒性があるので、遊びに使わないようにしよう。

● 葉の大きさくらべ

　海辺や公園には小さい葉から大きな葉の草や木があります。自分の手のひらや指を基準にして、葉の大きさをくらべてみよう。

＊何かをくらべるときには、基準となるものを決めよう。

普通
手のひらの中にだいたいおさまる大きさのは「普通の葉」（グンバイヒルガオの葉）

大
手のひらより大きくはみ出す葉は、「大きい葉」または「大変大きい葉」（オオハマギの葉）

小
親指の大きさからはみ出す程度の葉は「小さい葉」（ゴモジュ）

とっても小
親指にかくれてみえなくなる葉（表から見えない）は「とっても小さい葉」（ノチドメの葉）

長い
葉の幅が手のひらの大きさほどで、長さが手のひらの2倍以上ある葉は「長い葉」（ゲットウの葉）

細い長い
葉の幅が親指大で長さが親指の数倍もある葉は「細くて長い葉」（クロツグの小葉）

2-8 葉っぱアート

●草や木の葉で遊ぼう

いろいろな形や大きさの葉を集めて葉っぱのアートをつくって遊んでみよう。

2 林と海辺の植物と遊び

大小、全部で43種類の葉を画用紙の上に並べてみました。
校庭や緑地公園にある草や木の葉を集めて絵を描こう。

オオバギの一枚の葉の中に17種類の葉が入りました。

葉脈がしっかりしているオオイタビ、ケイヌビワ、ハマイヌビワやヤマグワの葉などに絵具で色をつけ、画用紙などに写す「もみじ遊び」。大小、いろいろな形の葉に絵具をぬり、画用紙に写しながら絵を描いてみよう。

2-9 沖縄でもみじ探し

●沖縄で紅葉する木

秋になると九州より北の日本各地で木々の紅葉がみられるます。亜熱帯地方の沖縄では紅葉する木の種類は大変少ないです。ハゼノキは沖縄で紅葉する数少ない種類の一つです。もみじ遊びに使うカエデの代わりになる木を探してみよう。

沖縄では見られないカエデのなかまの紅葉（静岡県11月）

街路樹のタイワンフウ

落葉するコバテイシの大きな葉（方言名:クワディーサー）

紅葉をはじめたハゼノキ。ウルシのなかまで、樹液で皮膚がかぶれるので触らないようにしましょう。

街路樹に多いアカギ。他にホルトノキが年中、一部が紅葉しています。

2-10 貝がらと海藻のアート

●貝がらと海藻でアートを作ろう

　砂浜に打ち上げられた貝がらや海藻を集め、これらを用いたアート作りに挑戦してみよう。貝がらや海藻の名前などまったく知らなくてよいです。自由に、自分のイメージで作ることが大事です。

作品づくりにはげんでいる子ども

砂浜には大小さまざまな形の貝がらがあり、まさに宝の山です。

貝がらを組みあわせて作った作品。
ネズミ・カメ・カタツムリ

海藻で作ったカメ

海藻とまき貝のからで作ったトンボ。目は貝がら。

●シェル(貝)タワーを作ろう

砂浜でひろってきた二枚貝を瞬間接着剤ではり合わせ、重ねていきます。小さいものから大きいものまで多くの種類のからを準備しましょう。一番下(台座)にはホタテガイのような形で平たくて、筋のあらい大きめの二枚貝(アコヤガイやイタヤガイのなかま)をつかうと安定します。貝がらの特徴(大きさ、厚さ、筋など)をみながら高いタワーを作ってみよう。

シェルタワー作りをしている小学生

二枚貝を合わせて接着する

シェルタワー作りにチャレンジしてみよう。あなたは何段つめるかな。

シェルタワー作りのあと、用いた貝の名前を図鑑で調べてみよう。

観察してみよう

2-11 ヤドカリの宿かえ

海辺で貝がらひろいをしていると、ときどきこそこそ動くヤドカリがみつかります。ヤドカリは自分のすむからをつくることはできないです。巻貝の死んだからを住居(宿貝)に利用します。ヤドカリは成長するにつれてからだの大きさにあった貝がらを探し、宿かえをしていきます。ヤドカリの宿かえの様子や宿(住居)として利用している貝がらの種類との関係を調べてみよう。

ヤドカリの宿かえ

ヤドカリは貝のなかまではなく、エビやカニと同じ甲殻類のなかまです。
❶貝から出たヤドカリが新しい貝を探しています（左）。
❷❸❹お目当ての貝がらを見つけて中に入ります。無事に宿かえが終わりました❺。
貝がらにマークをつけて、からの利用のしかたを調べてみよう。

2-12 化石が教えてくれること

化石は古生代(5.4億年～2.5億年前)や中生代(2.5億年～6500万年前)など、はるか昔(地質時代)の生物の死がいや足あとなどが地層や岩石の中に残されたもので、石化したものが多いです。沖縄の地質時代にどんな生き物がすんでいたか化石からわかることがあります。

泥岩とけつ岩(頁岩)にアンモナイトとサンヨウチュウのなかまの化石(ドイツ産)右の圧縮されたアンモナイトの化石は筆者が南ドイツで採掘したものです。

アンモナイトのなかまの化石　沖縄島本部半島のシルト岩中で筆者が発見したもの。

サンヨウチュウのなかまの化石(古生代の示準化石)、アンモナイトのなかまの化石(中生代の示準化石)

沖縄の生きた化石

太古の時代に生きていた生物の形を現世でも残している生き物を「生きた化石」と呼んでいます。

キムラグモのなかま
琉球列島ではそれぞれの島で進化(分化)し多くの種類があります。

イボイモリ
沖縄島では山原(ヤンバル)と渡嘉敷島でみられます。

2-13 レプリカを作ろう

レプリカとは複製品のことで、博物館や資料館で展示用として多く使用されています。化石のレプリカ作りは子どもから大人まで人気があります。著者は歯科用の型とり剤と硬石こうをつかってレプリカを作ってきました。歯科用の型とり剤は高価ですので、今は図工用の油ねんど、市販されている園芸用の土（島尻マージの赤土やクチャなど）を利用しています。紙ねんどは型どり用には適していません。

シソチョウの化石のレプリカ（ドイツのユラ博物館で購入）。シソチョウ（ジュラ紀2.1～1.4億年前）はハ虫類と鳥類の中間の形態を示す中間型と言われています。

略式レプリカ作成用具一式 市販されているプラスチック製の容器を使います。

上が歯科用の硬石こう、下は工作用油ねんどでクマゼミの型どりをしたもの。

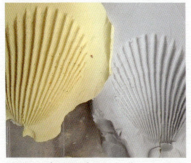

油ねんどで型どりして作った小学校2年生の作品。最初は貝がらなどの固いものからはじめよう。

セミの型どりをするときは羽の部分の脈（翅脈）はレプリカにあらわれにくいので指でゆっくりと撫でながら型どりしよう。

小学校の図工で使っている油ねんどでのサンヨウチュウの化石の型どり。油ねんどは野外で太陽熱を利用し軟らかくしてから型どりすると形がよく出ます。

型へ硬石こうを流し込む。ヨーグルト状（ゾル状）の濃さで流し込みます。石こうを流す前に、型の方に絵筆でオリーブオイルやゴマ油などの食用油を軽く塗るとよりきれいなレプリカができます。

硬石こうを流し込んで10〜15分で完成です。

アンモナイト、貝がらやサソリなどのレプリカ。左下はマングローブ（オヒルギ）の樹皮のレプリカ。

レプリカを絵具で彩色したもの。アンモナイト（右）サンヨウチュウ（中）、左の緑色のレプリカはヤマグワの葉のレプリカ。植物のレプリカもかんたんに作れます。

校内にミニ自然史博物館をつくろう

　筆者が浦添小学校の校長のころ、職員・PTA・市教育委員会(特に予算面)が協力し合い、1993年11月25日に校内に「エコ子ども自然史博物館」を開設しました。館は空き教室を利用し「基礎学習室」「浦添市の自然史学習室」と「児童作品展示室・ワークスペース」の3室を設置しました。大きなねらいは、子どもたちが「Do Touch!」つまり、自由に生物の標本や岩石、化石に触れながらレプリカ作りや双眼実体顕微鏡で昆虫やほかの小動物などを調べることができる、つまり「科学的な活動ができる場」をつくることでした。また理科の授業も館内で実施でき、かつ地域の自然や環境の保護・保全への子どもたちの関心を高めることもねらいの一つでした。

マツぼっくりの上に自ら寝転ぶ子ども

化石をみつけようと岩石を割っている子ども

子どもがいつでも利用できるように標本と観察器具は常置

昆虫を双眼実体顕微鏡で観察している子ども

3
干潟の生きものと遊び

　潮が引はじめると海の底があらわれはじめ、干潟の広さはましてきます。石の下や巣穴からはぞくぞくとカニやまき貝などが出てきて活動をはじめ、干潟はにわかに生きものたちのパラダイスへとかわります。
　ここでは沖縄市にある泡瀬干潟の小動物の種類と生活のしかたなどを紹介しています。観察し、好きなものをみつけて遊んでみよう。

3-1 干潟を知ろう

●干潟は動く

　海面の水位は約半日でゆっくり上下します。海水面がもっとも高くなった状態を満潮、もっとも低くなった状態を干潮といいます。同じ場所でも満潮と干潮では環境が大きく変わります。また季節や月齢（月の満ち欠け）でも大きく変わります。潮干狩りや遊びで海に出かける前に、その日の潮の満ち引きについて調べておきましょう。

　潮が引きはじめると、今まで海底の石の下や側面のあな、砂や泥の中にかくれていた動物たちが活動をはじめるので、干潟は動物たちでにぎやかになります。しかし、トカゲハゼやアナダコ（方言名：シガヤー）などのように潮が引いて動きがにぶくなる動物たちは、石の下や砂・泥の中にもぐったり、潮だまりにとり残されたりします。

　日ざしの強い夏には干潟の温度は急上昇し、環境が水中から陸の状態へと変わり大変厳しい状況になります。しかし、生きものたちは、太古からの長い年月を経て進化を続け、厳しい環境でも生きぬく知恵を身につけています。干潟の多様な環境に適応して、多くの種類の生きものが生活しています。

泡瀬干潟の生きものたち

① ヒメシオマネキ　　⑥ ハナビラダカラ　　⑪ イソスギナ　　　　⑯ ソデカラッパ
② ツノメガニ　　　　⑦ アワセイソタナグモ　⑫ クロナマコ　　　　⑰ リュウキュウスガモ
③ トカゲハゼ　　　　⑧ コモンヤドカリ　　⑬ ヒロハサボテングサ　⑱ タイコガイ
④ アラスジケンマガイ　⑨ ホウシュウノタマガイ ⑭ ミナミコメツキガニ　⑲ ウミヒルモ
⑤ カンギクガイ　　　⑩ クビレミドロ　　　⑮ フジイロハマグリ　　⑳ ウミエラのなかま

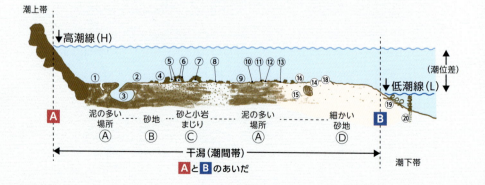

●高潮線と低潮線のあいだが干潟

潮の満ち引きがもっとも大きな大潮の日の干潮までの3時間ごとの写真です。一番潮が高く達した地点(高潮線：H)と一番潮がひいた地点(低潮線：L)の間の水が引いた場所を「干潟」または「潮間帯」といいます。

〈 満潮時の海 〉
手前の浜の白波の付近が高潮線になります(午前8時40分の写真)。

〈 満潮から3時間後の海 〉
海底の一部があらわれています(干出といいます)(午前11時40分の写真)。
干潟の広さ(面積)は日によって変化します。

〈 最干潮時の海 〉
潮が引いて干潟がたいへん広くなっています(午後2時40分の写真)。
一番潮が満ちた高潮線(H)と一番引いた低潮線(L)の間を干潟(潮間帯)と言います。(L-H間)

M周辺の広い区域を中潮線帯と呼ぶこともあり、干潟でも生きものの種類がもっとも多い場所になっています。

写真は2015年2月6日、大潮にあたる日の1回目の満潮を撮影したものです(上)。

3-2 干潟の環境

●海でのルール

　潮干狩りや干潟での遊びは楽しく、つい熱中して時刻を忘れてしまいがちです。怖いのは、沖の近くの砂州にいるときに満ち潮に気づかず取り残されることです。万が一のために携帯電話に緊急連絡先（近くの消防署や公民館など）を登録しておいたり、タイマーを持参し、もどる時間をセットしておくなどの細心の注意が必要です。大人といっしょが望ましいですが、もし子どもだけで干潟に行く場合には数人（3人以上）で、必ず近くにいる大人に声かけしましょう。

　また、秋から春にかけては多くの海藻が石や岩場をおおっており、すべりやすくなっているため転ばないように注意しよう。

　さらに、人を殺すほどの猛毒をもつアンボイナやタガヤサンミナシなどのイモガイのなかまに刺された事故の報告もあります。右の写真のイモガイのなかまに似ている貝は素手でふれたり、取らないようにしましょう。また、干潟は陸上よりも夏は暑く、冬は寒いので、出かける前にそれなりの服装と持ちものの準備が必要です。

　海（干潟）の出入り口にある「海での注意事項の立て看板のルール」をしっかり守ることが、危険から自分の身を守ることと干潟の環境と生きものの保全につながります。

マガキガイ

マダライモガイ

潮干狩りは楽しい。しかし満ち潮の時刻には細心の注意が必要です。

3 干潟の生きものと遊び

泡瀬干潟

　泡瀬干潟は沖縄県沖縄市にある干潟で、潮干狩りのさかんな場所です。特に泡瀬住宅沿いの護岸の海への第2から第4出入口前に広がる砂と小石の多い場所が潮干がりにくる人がもっとも多い場所です。アラスジケンマガイやアサリなどもよくとれ、カニのなかまも多く海の恵みがいっぱいあります。

水路沿いの岩場は絶好の釣り場（2013年3月）

砂泥地に多いアラスジケンマガイ

カゴメノリでキャッチボール

岸に打ち上げられたカゴメノリ（右下）を丸めてキャッチボールを楽しむ子ども（左）

3-3 トカゲハゼの生態

●貴重なトカゲハゼ

　干潟の砂地にすむトカゲハゼは、「ごく近い将来に絶滅の危険性が極めて高い種」の絶滅危惧種IA類に指定されています（レッドデータブック・環境省編）。大変貴重なハゼのなかまで、日本では沖縄の中城湾内だけにいます。トカゲハゼは、敏感で神経質なところがあります。双眼鏡、望遠鏡かカメラのズームを使って観察しましょう。

調査区A

エサを食べているオス。目と口の部分が特徴的。

将来すむ巣穴を探しているトカゲハゼのオス。干上がった場所を移動するときはヒレが足の代わりをします。（2015年4月）左上にあるのはトカゲハゼのオブジェ（泡瀬しおさい公園）。

トカゲハゼのオス。手前のリュウキュウマツの葉（13.2cm）からトカゲハゼの大きさがわかります。

腹部が大きくふくらんだメス。手前の小さなカニはヒメシオマネキのメス（2015年4月）

3 干潟の生きものと遊び

●トカゲハゼの恋のシーズン

　トカゲハゼの恋の季節は3～4月で、オスはメスをゲットするために水深5cmほどの場所で10～20秒の間隔でメスの目を引くためにジャンプをします（右下）。

少し盛り上がった場所に行き、ジャンプの姿勢に入ったオス。

ジャンプしたところ。ウナギが飛びはねた姿のようです。

カップルになったあとも、産卵前のメスの近くでオスはジャンプし、力をみせているようです。尾びれの形に注意。

トカゲハゼのスキンシップ

口いっぱいに含んできた泥まじりの砂を巣穴の外で吐き出すオス（2015.5.21）。産卵室を作っているようです。

7月に入るとトカゲハゼの稚魚（卵からかえったばかりの魚）が巣穴から出てきてエサを食べる姿がみられます。

3-4 干潟の砂地の小動物

●ツノメガニとヒメシオマネキ

干潟の砂地でときには変わった形の目をしたツノメガニがみられます。危険に気づくと、素早く逃げ砂にもぐり身を守ることがあります。その逃げる速さにはびっくりします。海への出入口の海側の泥まじりの砂浜あたりにはヒメシオマネキの群れがみられます。

前面から見たツノメガニ

背面からみたツノメガニ

ヒメシオマネキの護身術

普通は外敵から身を守るために巣穴に素早く逃げ込みますが、間に合わないときには脚を上手に使って素早く砂泥中にもぐり身を守ります（下）。

左のはさみで採食しながらも、大きな右のはさみで自分のテリトリーへの侵入を防ぐためおどしの姿勢をとっているヒメシオマネキのオス（上）。

3-5 干潟の小石の多い砂地

●フナムシ、ウニ、貝

干潟の砂と小石の多い場所にはいろいろな生きものをみることができます。石をおこして、その下にいる生きものを探してみよう。

岸壁をはい回るフナムシのなかま。
脚が何本あるか数えてみよう。

干潟で普通にみられるナガウニ

キイロダカラ

石の下に多いハナビラダカラ

カンギクガイ

観察してみよう

カンギクガイの起き上がり

石の下や側面でよくみられるカンギクガイ。石からころげ落ちたカンギクガイがどのように起き上がるか観察してみよう。

起き上がるときの足の動きと、その後はって移動するときふたは、頭部と足のどちら側につくかも確かめてみよう。カンギクガイの表面に付いたフジツボはカンギクガイに別の場所まで運んでもらっています。

干潟の小石の多い砂地(2)

●ヤドカリ、エビ、カニのなかまとホウシュウノタマガイ

干潟の多様な場所でエビやカニのなかま、ヤドカリやタコなどがみられます。干潟の砂地で石ころが多く、潮だまり(タイドプール)のある干潟では、生きものの種類が多く変化に富んでいます。

色鮮やかなコモンヤドカリ。ヤドカリの触角の数を調べてみよう。

きれいな色合いのフトユビシャコ。シャコの脚の力は強いのでケガをしないように注意しましょう。

右のハサミが大きいテッポウエビのなかま。脚は何本あるか調べてみよう

ホウシュウノタマガイは細かい砂の中に卵をうみます。こねて作った卵塊が茶碗の形に似ていることから、この卵塊は砂茶碗と呼ばれています。

石の下にかくれているベニツケガニのなかま

ガザミのなかまの脱皮直後。ガザミの下にぬけがらがある。

●身をかくす生きもの

　干潟には、砂の中や岩場に身をかくす生きものがいます。それぞれの動物のからだの形や色、行動などから身の守り方を調べてみよう。

オニヒザラガイ

フタスジナマコ(76ページもみてみよう)

イソハマグリ

チドリミドリガイ

ガサミのなかま

3-6 干潟の貝のなかま

●砂地の貝たち

干潟の砂地で海藻や海草の多い場所には変わった形の貝がすんでいます。

リュウキュウサルボウガイ
食用貝で砂地にからだの半分ほど埋まった状態でいます。下は砂中からとり出した貝。

ヤサガタムカシタモトガイ
砂地の藻場付近でみられるまき貝で、赤い口ブタが目立ちます。

クロシュミセン
砂地の藻場付近でみられるハンマーの形をした貝です。からだが大きい割に身（上写真〇部分）は大変小さいです。

ハボウキガイ
貝がらのフチが鋭利なナイフの刃のようになっています。はだしで踏まないように注意しよう。左はハボウキガイの貝殻の内側です。

ザルガイのなかま
砂と小石まじりの干潟は特にザルガイの種類が多くみられます。食べられる貝で身も大きいです。

アコヤガイ
小石や岩についていることが多いです。本真珠の母貝です。

イトマキボラ
石や岩場の干潟に多く、時にはタイドプールの砂に半分埋まった状態でいます。身の形とからの形を比べてみるとまき貝の身（からだ）の形の特徴がよく分かります。

ユウカゲハマグリ
砂地の藻場付近に多く、砂中にからだの半分ほど埋まった状態でいます。きれいな色をしています。

チトセボラ
赤色の口ぶたが目立つ細くて長い貝。

3-7 干潟のナマコとヒトデ

　ナマコやヒトデのなかまは砂や小石の多い藻場付近に多いです。ナマコやヒトデを手のひらにのせてからだの特徴を調べてみよう。

クロナマコ
小石まじりの砂地に多いクロナマコで、からだの大半へ砂をつけています(左)。右は砂をとったクロナマコで、色は真っ黒です。

フタスジナマコ
食用ナマコのフタスジナマコは、砂地の藻場周辺に多いです。最近、数がたいへん少なくなっています。

リュウキュウフジナマコ
からだの表面に多数のやわらかい突起があり、他のナマコに比べて軟らかいです。砂地の藻場でときどきみます。

コブヒトデ
ヒトデは漢字で海星と書きます。腹面、背面、側面からみたコブヒトデ。側面からみるとコブの形がはっきりします(右)。口はからだの下面の中央にあります(左)。

3-8 砂もぐり名人のソデカラッパ

海藻や海草の多い藻場付近でみかけるソデカラッパはマンジュウガニとも呼ばれています。外敵にあうと大きなハサミと脚を用いて、わずか2～3秒で砂にもぐり身を守ります。カムフラージュのうまいカニです。

ソデカラッパはどこにかくれているのかな？

ソデカラッパを腹面からみると、左右のハサミの形が違います。特に右側のハサミは硬い巻貝のからでも割る力とつくりをしています。とるときはかまれないようにしよう。

旅するハナオコゼ

魚のハナオコゼと海藻のホンダワラの色がよく似ているので、水中に一緒に浮遊していると区別がつきにくいです。

褐藻のホンダワラのなかま
水中をただようホンダワラにハナオコゼがかくれながら旅をします(2012.11)。

ハナオコゼ
あたたかい太平洋にいる魚で、海底で待ち伏せするオコゼ類とは別のグループです。

3-9 干潟の背骨のない動物

節足動物
1. ヤマトウシオグモ
2. アワセイソタナグモ
3. タイワンガザミ
4. ベニツケガニのなかま
5. オキナワハクセンシオマネキ
6. ミナミコメツキガニ
7. テッポウエビのなかま
8. サンゴヨコバサミ
9. コモンヤドカリ

軟体動物
10. タコのなかま
11. カンギクガイ
12. イトマキボラ
13. ハナビラダカラ
14. イソハマグリ
15. アラスジケンマガイ

棘皮動物
16. クモヒトデのなかま
17. コブヒトデ
18. ニセクロナマコ
19. クロナマコ
20. ナガウニ

刺胞動物
21. クラゲのなかま（右上）
22. サンゴのなかま

海綿動物
23. カイメンのなかま

※背骨をもたない動物をまとめて「無脊椎動物」と呼びます。
※中学校・高等学校の分類学習資料

3-10 干潟の海藻と海草

干潟に生えている海藻と海草を観察しよう。海藻には養分は吸収しませんが岩や小石に付着するための仮根があります。

砂地の藻場に多いヒロハサボテングサ(中央)とイソスギナの群落(緑藻)。

ヒロハサボテングサの仮根はらっきょうの形をしています。

水中のミツデサボテングサの表面はヌルヌルしています(緑藻)。

砂の中からとりだしたミツデサボテングサ。からだは石のようにかたく、仮根は丸くないです。

ハゴロモ(緑藻)
ときどき砂地でみかけるが数は少ないです。砂中の仮根は丸くないのでクサビガタハウチワとは区別できます。

クサビガタハウチワ(緑藻)
からだがクサビの形をし、砂中の仮根はヒロハサボテングサのように太く、やや丸く小さいです。

リュウキュウスガモの根と茎

リュウキュウスガモ（海草）
砂地に多いリュウキュウスガモの群落。リュウキュウスガモは海藻ではなく海草で根・茎・葉の区別があり、花をつけます。

砂地のイソスギナ（緑藻）群落。

ウミヒルモのなかま（海草）
砂地の地面をはうように生えているウミヒルモのなかま。

オキナワモズク（褐藻）
岩場に着生しているオキナワモズク。方言の呼び名はスヌイ。まわりの筒状の緑藻はイソスギナです。

砂地の藻場でみられる紅藻のナミノハナのなかま。赤紫色からか赤の鮮やかな色をしています。

3-11 干潟の植物

海草（うみくさ）

海草と海藻と区別するため海草を特に「うみくさ」と呼びのが普通です。海に生えている草のこと。根・茎・葉からできており陸の植物と同じく花が咲き、種でふえる。

1.ウミヒルモのなかま

2.リュウキュウスガモ

> 干潟の植物はからだのつくりから海草と海藻にわけられる。

海藻（かいそう）

海に生えている藻のことです。根・茎・葉の区別がなく、花は咲かせず、種ができない。

褐藻（かっそう）

3.オキナワモズク
4.ウスユキウチワ
5.ホンダワラのなかま
6.ラッパモク

3 干潟の生きものと遊び

緑藻（りょくそう）

7. カサノリ（左）、イソスギナ（右）
8. ヒトエグサ
9. マユハキモ
10. ヒロハサボテングサ
11. タカノハヅタ

紅藻（こうそう）

12. コナハダのなかま
13. ナミノハナのなかま

※中学校・高等学校の分類学習資料

観察してみよう

3-12 干潟の藻場の生きもの

●かくれんぼ上手なミナミコメツキガニ

ミナミコメツキガニは干潟の砂浜にすんでいる小さなカニで、潮がひくと巣穴から出てきてエサを食べはじめる。このカニが一斉に移動するようすは、まるで雨雲が流れているかのようです。人が近づくと脚がドリルのように動き砂の中にもぐって身をかくします。

●タイコガイは砂上スキーの達人

タイコガイは遠浅の干潟の波うちぎわ付近に多く、タイコガイは干潟の細かい砂の上をすべるように移動します。タイコガイのからだを逆さ（左下）におくと、足をうまく動かしわずか2〜3秒で再び起き上がり、走り出します。

●緑藻ではないクビレミドロ

　クビレミドロは緑藻と褐藻との中間の特徴を持つめずらしい貴重な海藻で、研究者からも注目されているそうです。泡瀬干潟の砂泥質の場所がクビレミドロの生育域です。観察するときは、踏まないように気をつけよう。

クビレミドロの群落。

アップしてみると多くの藻体が寄り集まっていることがわかります。

仮根で石に着生し、流れに合わせてゆれている緑藻のマユハキモ

緑藻のキッコウグサ（左上）、褐藻のフクロノリ（右上）。

●アメフラシはそうめんメーカー

ジャノメアメフラシ
ずんぐりした体で動きはにぶい。さわるとどうなるかみてみよう。

アメフラシのなかま（タツナミガイ）がうんだ「うみそうめん（卵塊）」

3-13 海藻標本を作ろう

●海藻標本の簡単な作り方

海（干潟）の植物は海草と海藻にわかれます。海藻には緑藻、褐藻、紅藻の三つのグループがあります（P82-83 参考）。10月から3月は海藻の多い時期で干潟の多様な場所でいろいろな海藻が採集できます。

干潟で採集した海藻の標本を作ってみよう。標本作りをしながら海藻と海草のからだのつくりのちがいについて調べてみよう。

標本にする海藻は10〜15分水道水で塩を抜きます。緑藻、褐藻、紅藻に分けてから作業しましょう。紅藻類はいたみやすく形が崩れやすいので水道水には10分程度浸します。

●用意するもの
広めのバット
台紙
ピンセット、ハケなど
ハサミ
水切り板
ガーゼなど吸湿性のあるもの
新聞紙
重し

塩抜きした海藻を水の入った広めのバットに入れ、その下に台紙を差し込み、海藻を広げてピンセットなどで形を整えます。台紙を斜めに置いた水切り板にのせ、水切りをします。

水切りした後は新聞紙の上におき、その上にガーゼかその代用になるものをかぶせて新聞紙にはさみ乾燥させていきます。上に石や事典などの重しをおきます。
毎日数回新聞紙をとりかえると、15日前後で標本は出来上がります。

台紙には採集場所と採集月日を記入します。

和名　ヒロハサボテングサ
生息場所　低潮線付近の砂質底
採集月日　2015年5月3日
採集者　下謝名　松榮
一口メモ　砂中の根（仮根）を指で触るとラッキョウの根かイチジクの実（果実）の感じがする。低潮線付近のイソスギナ群落や海草の生育地付近に多くみられる。

できあがった海藻標本
海藻標本（①〜③）。採集地または採集場所と標本の写真（④〜⑤）、データ（右下）
海藻は乾燥すると色落ちするので、採集時の生育場所の写真④を台紙にはっておくとまとめるときに役にたちます（写真④）。
※海草の標本作りも海藻標本の作り方と同じです。

3-14 アワセイソタナグモの一生

　イソタナグモのなかまは、現在(2018年)世界中でわずか10種しか知られていません。その中で海での水中生活をしているクモは、このアワセイソタナグモだけで世界中のクモのなかでも大変めずらしい生活をする貴重なクモです。今のところ、中城湾内の干潟にすんでいる沖縄島固有の種で、2012年に筆者が新種として発表したクモです。このクモの一生をみてみよう。

●産卵

　下の写真は、体長4.6㎜のアワセイソタナグモの産卵の様子を示したものです(2013.2.3)。

産卵場所を探し、石のくぼみにうずくまり静止した(06時32分)。

産卵のためのシートを張りを開始(06時36分)。

産卵開始(07時01分)。

産卵が終わると、卵のう(卵を包む袋のこと)をつくりはじめ、卵塊を丁寧に糸で包みはじめた。

卵のう形成中です。まだ、黄色の卵塊が見える。

卵のう形成がほぼ終了し黄色の卵塊はみえない(08時28分)。産卵から卵のうが完成するまでの時間は約1時間30分でした。

　出来上がった卵のうの頂点付近に顎と触肢で砂粒を運んできて置きます(左)。その後、卵のうに覆いかぶさるようにして、卵のうを守ります。10〜20分後には、その場を離れるクモもいます。産卵後の体長は0.2㎜減っていました。
　潮の満ち引きの関係から産卵のようすを現地で調べることは大変難しいので、飼育して調べました。
　飼育実験でのアワセイソタナグモの一匹の産卵回数は2〜3回、1回の平均産卵数は24個、卵径の平均0.77mmです。産卵から、次の産卵までの平均日数は14日でした。

●孵化・脱皮・成長

クモはカニやエビと同じ節足動物のなかまで、からだの皮をぬぎながら(脱皮)成長していきます。脱皮を重ねていくたびに1齢体から2齢体、3齢体と成長していきます。2齢体でひとり立ち(分散)します。分散した2齢体は、石の凹みに小さな巣(かくれ家)をつくります。アワセイソタナグモは6回の脱皮後に、オス・メスとも成体(交尾できるからだのつくりに成長したもの)になります。

メスと卵のう。

2回目の卵のうと卵。

卵のう内で卵からかえった子グモ(1齢体)が1回目の脱皮を経て出てきた2齢体の幼いクモ。

2回目の脱皮後の3齢体。脱皮は巣内でする。巣に脱皮殻があります。

3回目の脱皮後の4齢体。脱皮殻は1〜2日内に巣から外に運び出す。

4回目の脱皮後の5齢体。脱皮直後のからだは、淡灰色をしています。

5回目の脱皮後の6齢体。クモはかなり大きくなっています。脱皮殻が上にみえます。

6回目の脱皮で成体になったオス。脱皮殻が右側にみえます。体長3.6㎜

6回目の脱皮直後のメスの成体。脱皮殻が右上にみえます。

脱皮した3日後のメスの成体。からだの色がこゆくなっています。体長4.7㎜

3-15 アワセイソタナグモの生活

●採餌と潜水時間

　アワセイソタナグモはなにを食べているのだろうか。また、海（干潟）での生活の様子をみてみよう。

ウミワラジムシのなかまを捕食しているアワセイソタナグモのオス（成体）。

ウミハマトビムシのなかまを捕食しているアワセイソタナグモのメス（成体）。

石のくぼみにあるアワセイソタナグモの若い（亜成体といいます）オスの巣（かくれ家）。巣がある石のことを営巣石といいます。

水中を移動中のアワセイソタナグモメスの成体。水中にもぐると瞬時に腹部の毛を利用して空気をとりこみ空気袋ができます。

オスとメスの成体は、3〜4cm³のわずかな空気があれば8〜9時間はようוいに生きます。

腹部の空気袋内の空気の量でのオスの生存時間（潜水時間）の平均は10時間30分、メスは11時間7分でした。腹部の空気袋内の酸素がへり死んだオスの成体。

● 求愛行動と交尾

アワセイソタナグモの求愛行動と交尾のようすです（①～③）。オスの右触肢の球部（生殖球①）の中に精子が入っています。

② 交尾前のメス（右上）とオス（左下）。

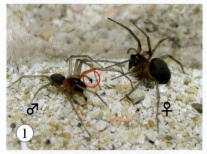

① アワセイソタナグモの求愛行動。オス（左）・メス（右）。

③ 交尾中のメス（右）とオス（左）。メスの腹部下面に丸い水玉にみえるのはオスがメスの体内に精子を移している（移精といいます）様子です。理科の実験用のスポイトのしくみで精子を移していきます。

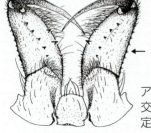

アワセイソタナグモの上顎の外側の小さな歯（←）は交尾のときにメスとオスが上顎をくわえてからだを固定するためのものです。交尾の時間は3～5秒です。

アワセイソタナグモの成長変化

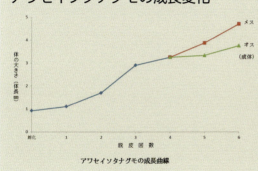

アワセイソタナグモの成長曲線

左のグラフは、孵化後の脱皮と成長（体長）の変化を示したものです。4回目の脱皮の後から、メス・オス（亜成体）の体長に差がみられるようになり、成体になるとオスよりメスのほうが約1mm大きいです。
グラフは飼育で調べたデータと現地で観察したデータに基づいて作成したものです。

3-16 アワセイソタナグモの数と季節

●海にすむ貴重なクモ

　泡瀬の海（干潟）にはヤマトウシオグモとアワセイソタナグモがすんでいます。ヤマトウシオグモの産卵・成長や結婚（交尾）の時期は季節によって決まっていて、一生に一回、2月から4月に産卵します。

　ではアワセイソタナグモはどうなのかのを泡瀬干潟のAからEの調査区で調べてみました。

　毎月中頃に巣がありそうな干潟で石（営巣石）を調査し、アワセイソタナグモの数を数えました。1地点で400個の石、それを5地点で行いましたので1月で2000個、1年の調査期間中では22800個もの石を調べました。その結果261匹のクモがみつかりました。つまり87個の石に1匹のクモしか見つからない数の少ない貴重なクモであることがわかります。

　そしてそのうちわけはメスの成体93匹、亜成体31匹、オスの成体45匹、亜成体5匹、若グモ（4-5齢体）の74匹でした。

（＊亜成体：成体になる手前）

　どの季節にもメスとオスの成体と幼いクモがみられ、現地（干潟）で新しい卵のうがどのシーズンでも見つかることからアワセイソタナグモの産卵は季節と関係がないことがわかります。このことからアワセイソタナグモは一生に2～3回、1年を通じて産卵すると考えらえます。もちろん調べたクモは保護・保全の面から生きたままでその場で放しました。

　右のグラフからクモの数と季節との関係を調べてみよう。

アワセイソタナグモのすむ泡瀬の干潟

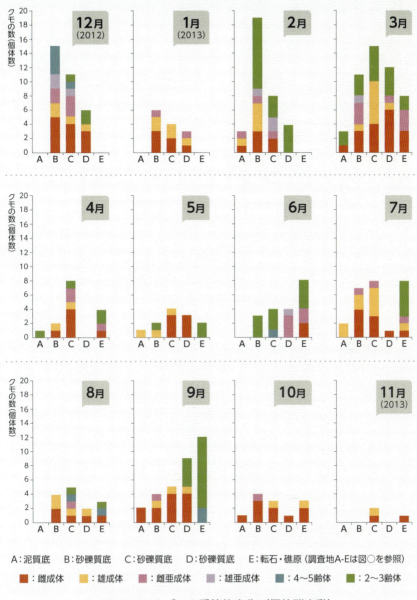

アワセイソタナグモの季節的変化（個体群変動）

調査期間:2012年12月〜2013年11月
場所:泡瀬干潟

あ と が き

　筆者が大学を卒業して最初の年の赴任先は泡瀬干潟を前にした美里村立美東中学校(4年、現　沖縄市)でした。その後、高校で17年間、教科生物を担当し、県立教育センターと教育事務所で6年間、現職教育にあたりました。

　大きな転機となったのは、西ドイツ・フランクフルト日本人国際学校勤務でした。ドイツでの3年間は理科教育における自然史博物館の活用をテーマにヨーロッパの自然史博物館の見学と資料の収集をしてきました。帰国後、寄宮中学校に赴任し、その後浦添幼稚園と小学校で生活科との連携を図りながら、小学校では環境教育と理科教育、さらに校内に遊び学の場として「子供自然史博物館」を職員・PTAおよび市教育委員会が協力して設立しました。その後西表小・中学校(校長1年)に赴任し、1996年から琉球大学教育学部で、教員志望学生の必修科目「理科教育研究」を担当しました。2005年3月教授で退職するまでの43年間理科教育とかかわってきました。

　これまでの教職経験を通して特に望むことは、子どもたちが地域の多種多様な生き物ともっと気ままに遊んでほしい、教師は自然と子どもたちの触れ合う学習の機会をできるだけ多く設けてほしいと思いからこの本を書きました。

　本書の最後に筆者が新種として発表したアワセイソタナグモに関する研究をまとめて紹介させていただきました。貴重な珍しい生きものである、このクモに関心を持ってもらえればうれしいです。

　この本を作るにあたり、資料の処理や編集を琉球大学大学院修士課程(理科教育)で著者の研究室にいた松田祐紀氏(大学院修士課程修了・大学院修士取得)には大変お世話になりました。また泡瀬干潟の貝類を展示しているウミエラ館館長の屋良朝敏氏は干潟の観察会の便宜をはかってくれました。両氏に感謝申し上げます。

　また、この本の出版を快く承諾していただいたボーダインクの池宮紀子社長、編集から構成・再度の差替えや煩わしい校正まで懇切・丁寧にしていただいた編集スタッフ並びに印刷所の皆さまに厚く御礼申し上げます。

主 な 参 考 文 献

1　東清二　編著,1987.沖縄昆虫野外観察図鑑　第4巻.第5巻.沖縄出版
2　岩瀬文人他,1990.沖縄海中生物図鑑　第11巻.271pp.新星図書出版
3　浦添市立浦添小学校,1993.研究報告書平成3年～5年度環境教育モデル校.175pp
4　浦添市立浦添幼稚園,1995.幼・小連携を考える.61pp.浦添市立浦添幼稚園
5　小野展嗣編著,2009.日本産クモ類.738pp.東海大学出版会
6　沖縄生物教育研究会編,2004.フィールドガイド沖縄の生きものたち.263pp.沖縄生物教育研究会
7　亀崎直樹　他,1988.沖縄海中生物図鑑　甲殻類(エビ・ヤドカリ)第8巻.232pp.新星出版
8　環境省編,2006.改訂　日本の絶滅のおそれのある野生生物　クモ形類・甲殻類等.レッドデーターブック.86pp.財団法人自然環境研究センター
9　久保弘文　黒住耐二,1995.生態／検索図鑑　沖縄の海の貝・陸の貝.263pp.沖縄出版
10　下謝名松榮,1986.第3章動物.浦添市史.第6巻.P71-108
11　下謝名松榮,1992.ゼンケンベルグ自然史博物館の活用P7-11.東京学芸大学海外子女教育センター
12　下謝名松榮,1997.理科教育での博物館の利用.P139-143.理科教育の理論と実践.現代教育社
13　高野健二　他,1997.沖縄の帰化動物.227pp.沖縄出版
14　當眞武,2012.沖縄の海藻と海草.433pp.出版全Mugen
15　古澤宏隆・赤松良久・仲座栄三,2009.沖縄本島におけるトカゲハゼの生育環境に関する研究.水工学論文集第53巻.P1525-1698
16　細谷誠一,2015.絶滅危惧種情報(動物)トカゲハゼ.P1-3
17　峯水亮,2000.ネイチャーガイド海の甲殻類.344pp.文一統合出版
18　吉野哲夫,2015.泡瀬干潟・海域埋立とトカゲハゼの保全.P1-4
http://www.awase.net/maekawa/tokagehaze.htm
19　琉球大学理学部「琉球大学理学部　琉球列島の自然講座」編集委員会編,2007pp.ボーダーインク
20　丹下博文[編]地球環境辞典,2012.352pp.中央経済社

■著者プロフィール

下謝名　松榮　（しもじゃな　まつえい）

博士（理学・東北大学）

沖縄県勝連町（現うるま市）1939年生まれ

専門はクモの分類・生態。琉球大学文理学部生物学科1962年卒業
著書に『島の自然と鍾乳洞』（1967 新星図書）、共著『沖縄の陸の動物』（1975 風土記社）、他8冊　新種のクモ39種を学会誌と国立科学博物館館報等に発表。
学術論文・調査報告および教材開発関係等で80余編
学位論文「琉球列島におけるヤチグモ類の地理的分布と種分化に関する研究」（2002年）
教材開発で日本生物教育会長賞（恩賜賞・日本生物教育研究会1969）受賞。テーマ「動物の地理分布」（1968年）；東レ理科教育賞（東レ理科教育振興会「動物の種分化」（1979年）、中路賞（日本生物教育研究会）「洞穴動物と洞穴の保全」（1982年）

沖縄の自然　遊び学
林から海辺・干潟の生き物

2018年3月31日　初版第一刷発行

著　者　下謝名　松榮
発行者　池宮　紀子
発行所　ボーダーインク
　　　　〒902-0076　沖縄県那覇市与儀226-3
　　　　電話 098（835）2777　　fax 098（835）2840
　　　　http://www.borderink.com
印刷所　株式会社 東洋企画印刷

この印刷物は個人情報保護マネジメントシステム（プライバシーマーク）を認証された事業者が印刷しています。

この印刷物は、E3PAのゴールドプラス基準に適合した地球環境にやさしい印刷方法で作成されています
E3PA：環境保護印刷推進協議会　http://www.e3pa.com

ISBN978-4-89982-334-6
©matsuei SHIMOJYANA 2018,
Printed in Okinawa Japan